KB104791

수학 교과서
개념 읽기

직각삼각형
각에서 삼각함수까지

각에서 삼각함수까지

직각
삼각형

수학 교과서
개념 읽기

김리나 지음

창비

'수학 교과서 개념 읽기' 시리즈의 집필 과정을 응원하고
지지해 준 모든 분에게 감사드립니다.
특히 제 삶의 버팀목이 되어 주시는 어머니,
인생의 반려자이자 학문의 동반자인 남편,
소중한 선물 나의 딸 송하,
사랑하고 고맙습니다.

여러분에게 수학은 어떤 과목인가요? 혹시 수학이 어렵다고 느껴진다면, 그건 배워야 할 개념 자체가 어려워서라기보다 개념 사이의 연관 관계를 잘 모르고 있는 탓이 큽니다. 그런데 이러한 문제는 꼭 여러분의 노력 부족 때문만은 아니에요.

우리나라 교육 과정에 따르면 초등학교, 중학교, 고등학교 12년에 걸쳐 수학 개념, 원리, 공식 들을 배웁니다. 수학 교과서 한 단원의 내용을 제대로 이해하기 위해서는 이전 학년에서 배웠던 연관된 개념과 원리를 모두 알고 있어야 하지요. 그런데 몇 년 전에 배웠던 수학 지식을 모두 기억해서 활용하고, 지식 사이의 관계까지 파악하는 것은 쉬운 일이 아닙니다. 예를 들어 고등학교 『수학』에서 배우는 허수를 이해하기 위해서는 초등학교에서 배운 양의 정수와 0, 중학교에서 배운 음의 정수, 유리수, 무리수의 개념과 이러한 수 사이의 관계를 알아야 합니다. 초등학교, 중학교에서 배운 내용을 모두 기억했다가 고등학교 수학 시간에 활용할 수 있는 학생이 몇 명이나 될까요?

많은 수학 관련 책이 수학 개념을 학년별로 구분지어 설명합니다. 이런 방식으로는 초·중·고 수학 개념들 사이의 연관성을 이해하기가 쉽지 않아요. 그래서 이 시리즈에서는 주제별로 수학 개념들을 연결해 보았습니다. 초·중·고 수학 교과 내용을 학년에 상관없이 한꺼번에 이해할 수 있도록 한 것이지요. 수학 지식들이 어떻게 연결되어 있는지 보여 주고, 이를 통해 수학의 개념, 원리, 공식 사이의 관계를 이해하게 하는 데 이 책의 목적이 있습니다.

초등학교에서 배우는 기초 개념부터 고등학교에서 배우는 상위 개념까지 담고 있기 때문에 이 책의 뒷부분은 다소 어렵게 느껴질 수도 있습니다. 그러나 교육심리학자 제롬 브루너는 아무리 어려운 개념도 발달 단계에 맞는 언어로 설명하면 어린아이라도 이해할 수 있다고 말했습니다. 브루너의 주장처럼 이 시리즈에서는 고등학교에서 배우는 수학 개념도 초등학생이 이해할 수 있도록 쉽게 설명했습니다. 그러니 아직 배우지 않은 낯선 개념을 만나더라도 당황하지 말고, 왜 그러한 개념과 원리 들이 만들어졌는지 이해하는 데 목적을 두고 차근차근 읽어 나가기를 바랍니다.

　이 책의 앞부분에서는 가장 쉽고 기초가 되는 수학 개념과 원리가 소개됩니다. 잘 알고 있다고 여겨지는 내용이더라도 원리를 생각하며 차분히 읽어 보세요. 기초를 튼튼하게 쌓아야 어려움 없이 상위 개념으로 나아갈 수 있으니까요.

　수학을 잘하고 싶지만 이전에 배운 수학 지식이 잘 기억나지 않는다면, 수학 문제 풀이 방법은 열심히 암기했지만 정작 개념과 원리, 공식의 관계는 잘 알지 못한다면, 이 시리즈가 분명 도움이 될 겁니다. 또 수학 개념을 탐구하고 싶은 사람이라면 어떤 학년에 있든, 이 책을 즐겁게 읽을 수 있습니다. 여러분이 이 책을 통해 수학적 탐구를 즐길 수 있게 되기를 진심으로 희망합니다.

2019년 가을
김리나

직각삼각형 편은 초등학교에서 배우는 직각삼각형의 정의부터 고등학교에서 배우는 삼각함수의 그래프까지, 학교에서 배우는 직각삼각형의 모든 것을 담고 있어요. 각을 이해하는 것에서 출발해 직각삼각형이 무엇인지, 직각삼각형과 관련된 수학적 개념들은 무엇인지 살펴볼 예정입니다. 직각삼각형 세 변의 관계를 정리한 피타고라스 이야기는 물론이고 전투에서 활용되었던 삼각비, 음악과 삼각함수 그래프의 관계 등 다양한 이야기가 펼쳐진답니다.

1부 삼각형, 세 각이 있는 도형

2부 피타고라스 정리, 직각삼각형의 공식

3부 삼각비, 각이 결정하는 변의 비율

4부 삼각함수, 삼각비의 함수

삼각형 속의 세상

'피타고라스'라는 이름, 어디서 한 번쯤 들어 본 기억
이 있지요? 이 시리즈에서도 여러 차례 등장한 바 있는 피
타고라스는 직각삼각형의 세 변의 관계에 대한 공식을 만
든 고대 그리스 학자랍니다. 직각삼각형을 공부하면서 절
대 빼놓을 수 없는 인물이지요. 그런데 피타고라스는 혼
자서 직각삼각형을 연구한 것이 아닙니다. 학교를 세워
제자들과 함께 수학을 연구했지요. 피타고라스의 연구 업
적은 대부분 제자들과 함께 이룬 것입니다.

피타고라스와 그의 제자들을 흔히 '피타고라스학파'
라고 합니다. 고대 그리스 사람들은 피타고라스학파를
'마테마테코이(mathematekoi)'라고 불렀어요. 마테마테코

이는 배움을 뜻하는 그리스어 마테마(mathema)와 깨달음을 뜻하는 마테인(mathein)이 합쳐진 단어로, '모든 것을 연구하고 깨우친 사람들'이라는 의미로 쓰였습니다. 이 단어는 오늘날 수학과도 관계가 있습니다. 수학을 영어로 매스매틱스(mathematics)라고 하는데요, 이 단어는 마테마(mathema)의 앞부분 매스(math)에 '~하는 방식'을 의미하는 접미사 '-ics'가 합쳐져 만들어진 단어입니다. 즉 매스매틱스는 '배우는 방식' '세상을 이해하는 방법'이라는 뜻을 가지고 있습니다.

우리가 이 책에서 함께 살펴볼 직각삼각형은 수학을 알면 세상을 이해하게 된다는 매스매틱스 본래의 의미를 잘 보여 주는 도형입니다. 직각삼각형을 통해 세상의 많은 원리를 이해할 수 있지요. 생활 속 도형에서부터 피라미드의 건설, 대포의 각도 계산, 강의 너비 계산, 음악 편집 등 직각삼각형은 세상의 여기저기에서 다양하게 활용되고 있답니다.

3개가 모이면 삼각형

직각삼각형을 이해하기에 앞서 삼각형을 알아야겠지요. 삼각형(三角形)은 3을 나타내는 한자 삼(三)과 두 직선이 만나는 곳을 나타내는 한자 각(角), 모양을 나타내는 한자 형(形)을 합친 단어입니다. 즉, **두 직선이 만나는 곳인 각(角)이 3개(三) 있는 모양(形)이라는 뜻이지요.**

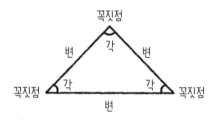

이때 각을 이루는 두 직선이 만나는 세 점을 삼각형의 꼭짓점이라고 합니다. '꼭지'에는 튀어나온 곳, 손잡이, 모서리라는 뜻이 있어요. 예를 들어, 수도꼭지는 수돗물이 나오는 튀어나온 부분을 나타냅니다. 꼭짓점은 삼각형에서 튀어나온 부분에 있는 점이라는 의미예요. 한편 세 선분은 삼각형의 변이라고 합니다. 변(邊)은 '가장자리'라 는 뜻의 한자입니다.

무엇이 무엇이 똑같을까

수학은 공통점과 차이점을 바탕으로 대상을 분류하는 학문입니다. 여러 가지 대상을 분류하고자 할 때에는 모든 대상에 공통적으로 적용되는 기준을 세우는 것이 중요합 니다. 삼각형도 그 특징에 따라 다양하게 분류할 수 있어요. 모든 삼각형의 공통점은 무엇일까요?

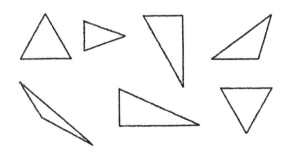

삼각형들을 살펴보면 모든 삼각형은 3개의 꼭짓점과 3개의 변, 3개의 각을 가지고 있습니다. 따라서 변을 기준으로 삼각형을 분류할 수도 있고, 각을 기준으로 삼각형을 분류할 수도 있습니다.

이 책에서는 '3개의 각을 가진 모양'이라는 삼각형의 약속에 따라 '각'을 중심으로 삼각형을 분류해 살펴볼 것입니다. 각을 중심으로 분류한 삼각형 중에서도 수학 전 영역에서 가장 많이 활용되는 도형인 직각삼각형과 관련된 여러 개념들을 알아보겠습니다.

직각삼각형을 아는 것은 직선의 기울기 등 도형과 관련된 계산을 이해하는 데 도움이 됩니다. 또 삼각비와 삼각함수 등의 개념을 이해하는 토대가 되지요. 그럼 먼저 각이 무엇인지부터 살펴볼까요?

1부

삼각형, 세 각이 있는 도형

도형(圖形)이라는 단어는 '모양을 그리다'라는 뜻을 가지고 있어요. 우리 주변에서 볼 수 있는 다양한 형태에서 공통된 모양을 찾아 그린 것이 도형이에요. 뾰족하게 솟은 산을 바라보며 삼각형을, 하늘의 달을 보며 원을 발견하는 식이지요. 도형은 점, 선, 면으로 이루어져 있습니다. 선과 선이 만나 이루는 각은 도형을 분류하는 데 특히 중요한 역할을 합니다.

① 각

각을 이용해 삼각형을 분류하기 위해서는 우선 각이 무엇인지 확인해야 합니다. **각은 한 점에서 그은 2개의 반직선(半直線)으로 이루어진 도형입니다.** 반직선은 직선을 둘로 나눈 선이에요. 그리고 직선은 끝이 없는 곧은 선입니다. 끝이 없는 선을 종이에 그리는 건 불가능합니다. 그래서 직선을 그릴 때는 화살표를 이용해 다음과 같이 양쪽으로 끝없이 이어진다는 것을 표시합니다.

직신

반면 양 끝이 있는 곧은 선은 선분이라고 합니다. 선분은 다음과 같이 그립니다.

선분

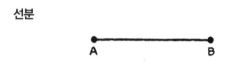

그렇다면 반직선은 어떻게 그릴까요? 직선을 반으로 나눈 것이니, 한쪽만 끝이 없다는 표시를 한 곧은 선으로 그립니다.

반직선

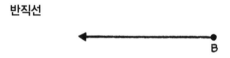

각은 다음 그림과 같이 한 점에서 그은 2개의 반직선으로 나타낼 수 있습니다. 이때 **두 반직선이 만나는 점을 '각의 꼭짓점', 두 반직선을 '각의 변', 두 반직선이 벌어진 정도를 '각의 크기'**라고 합니다.

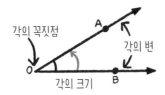

각은 도형입니다. 흔히 도형 하면 삼각형, 사각형, 오각형과 같이 틈이 없는 '닫힌 도형'을 떠올립니다. 하지만 각처럼 틈이 있는 '열린 도형' 역시 도형에 속합니다.

'모양을 그리다'라는 도형의 의미처럼 우리 주변 사물의 모양을 본떠 그린 것은 모두 도형이 됩니다. 선분이나 곡선, 각 또한 우리가 그릴 수 있으므로 도형이라고 할 수 있습니다.

각도

각도는 모서리를 뜻하는 한자 각(角)과 어떠한 정도를 나타내는 한자 도(度)가 합쳐진 단어입니다. **각도는 모서리가 벌어진 정도를 나타내는 단위입니다.**

각도는 변의 길이와는 상관이 없습니다. 각의 크기만을 측정하지요. 각도를 나타내는 기본 단위는 도(°)입니다. 각도의 기준이 되는 수는 360으로, 360°는 원의 중심과 같이 한 바퀴를 돌았을 때를 나타내는 각도입니다. 1°는 360°를 360으로 똑같이 나눈 것 중에 하나의 크기입니다.

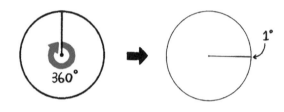

각의 이름

우리가 일상생활에서 많이 사용하는 각에는 특별한 이름이 있습니다.

우선, 두 반직선이 서로 일직선으로 놓였을 때의 각을 '평평하다'라는 뜻의 한자 평(平)을 붙여 평각(平角)이라고 하지요. 하나의 반직선이 다른 반직선에 똑바로 서 있

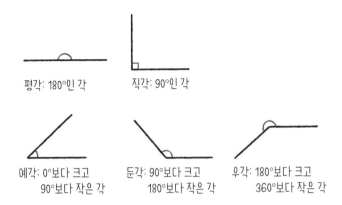

평각: 180°인 각 직각: 90°인 각

예각: 0°보다 크고 둔각: 90°보다 크고 우각: 180°보다 크고
90°보다 작은 각 180°보다 작은 각 360°보다 작은 각

을 때의 각은 직각(直角)이라고 해요. 이때 직(直)은 '곧다, 펴다'라는 뜻을 갖고 있습니다.

직각보다 작은 각은 '날카롭다'라는 뜻의 한자 예(銳)를 붙여 예각(銳角), 직각보다 크고 평각보다 작은 각은 '무디다, 둔하다'라는 뜻의 한자 둔(鈍)을 붙여 둔각(鈍角)이라고 합니다. 평각보다 큰 각은 '넉넉하다'라는 뜻의 한자 우(優)를 써서 우각(優角)이라고 해요.

삼각형의 성질

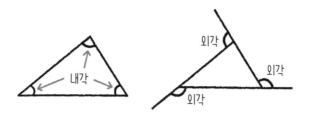

삼각형은 3개의 선분으로 둘러싸여 있고, 선분이 서로 만나는 곳에 각이 만들어집니다. 이때, **삼각형 안쪽에 있는 각을 '안쪽'을 뜻하는 한자 내(內)를 붙여 내각(內角)이라고 해요.**

안쪽 각이 있으니 바깥쪽 각도 있겠지요? **삼각형의 한 변을 길게 늘였을 때 늘어난 변과 그 변 위에 있는 삼각형의 꼭짓**

점, 그리고 나머지 한 변으로 만들어지는, 삼각형 바깥쪽에 있는 각을 **외각**(外角)이라고 합니다. 이때 외(外)는 '바깥'을 뜻하는 한 자입니다.

내각의 크기에 따라 삼각형을 직삭삼각형, 예각삼각형, 둔각삼각형으로 분류할 수 있습니다.

직각삼각형

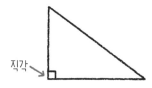

직각삼각형은 세 내각 중 하나가 90°, 즉 직각인 삼각형입니다.

예각삼각형

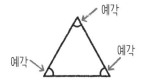

예각삼각형은 삼각형의 세 내각 모두 예각인 삼각형입니다.

둔각삼각형

둔각삼각형은 삼각형의 세 내각 중 하나가 90°보다 큰, 즉 둔각인 삼각형입니다.

변을 기준으로 본 삼각형

다음과 같이 변을 기준으로 삼각형을 구분힐 수 있습니다.

정삼각형

정삼각형에서 정(正)은 '바르다'라는 뜻을 갖고 있습니다. 정삼각형은 세 변의 길이가 모두 같은, 똑바르게 생긴 삼각형을 가리킵니다.

이등변삼각형

이등변삼각형은 세 변 중 두 변의 길이가 같은 삼각형을 나타냅니다. 이등변에서 이(二)는 숫자 2를 의미하고, 등(等)은 '같다'라는 의미입니다.

부등변삼각형

부등변삼각형은 세 변의 길이가 모두 다른 산가형을 뜻합니다. 맨 첫 글자인 부(不)는 '그렇지 않다'라는 뜻의 한자입니다.

1. 삼각형 내각의 합은 180°

그런데 왜 직각이 2개인 직각삼각형, 둔각이 3개인 둔각삼각형은 없을까요? 그 이유는 삼각형의 내각의 합이 180°이기 때문입니다.

삼각형의 내각의 크기는 왜 180°일까요? 오른쪽 그림을 통해 확인해 봅시다. 삼각형 ㄱㄴㄷ에서 선분 ㄱㄴ을 길게 늘입니다. 앞서 두 반직선이 서로 일직선으로 놓였을 때의 각을 180°, 즉 평각이라고 했습니다. 따라서 각 ㄴㄱㄷ의 크기를 a라 한다면 변 ㄱㄴ을 연장한 빨간색 직선과 변 ㄱㄷ이 만나는 각은 $180 - a$°라고 할 수 있습니다.

이번에는 변 ㄱㄷ을 늘여 볼까요? 변 ㄱㄷ을 늘인 초록색 직선과 점 ㄱ이 만나는 각의 크기를 생각해 봅시다. 앞에서 변 ㄱㄴ을 연장한 직선과 변 ㄱㄷ이 만나 이루는 각이 $180 - a$°이므로 직선 위의 반대편 각은 a라고 할 수 있습니다.

따라서 삼각형의 한 내각의 크기 a는 그 각을 포함한 선분을 늘인 직선이 이루는 각의 크기와 같습니다. 이 내

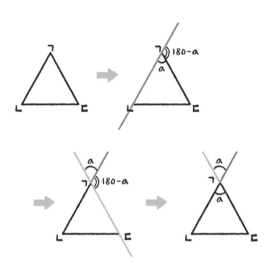

용은 '맞꼭지각'의 개념을 활용하면 쉽게 확인할 수 있어요. 직선 2개가 만나면 두 직선이 만나는 점을 꼭짓점으로 하는 4개의 각이 생깁니다. 이 중 서로 마주 보는 두 각을 묶어 맞꼭지각이라고 합니다. **서로 다른 두 직선이 만나면 반드시 두 쌍의 맞꼭지각이 생깁니다. 맞꼭지각은 서로 크기가 같습니다.**

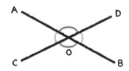

자, 계속해서 삼각형의 내각의 합이 180°인 이유를 알아봅시다. 이번에는 삼각형의 다른 각들의 크기를 확인해 볼게요. 다음 그림과 같이 변 ㄴㄷ에 평행한 직선을 빨간색으로 그려 봅니다. 다음으로 변 ㄱㄴ과 변 ㄱㄷ을 연장해 초록색으로 길게 그립니다. 앞에서 맞꼭지각의 크기는 서로 같다는 것을 확인하였으므로 각 ㄴㄱㄷ과 마주 보는 각을 a로 나타냅니다.

이제 삼각형을 다음 페이지의 그림과 같이 변 ㄱㄷ을 연장한 직선을 따라 밀어 올린다고 생각해 봅시다. 그림과 같이 원래 삼각형의 변 ㄴㄷ이 평행한 빨간색 직선과 겹쳐질 때까지 올리면 각 ㄴㄷㄱ이 각 a의 왼쪽 각의 크기와 같다는 것을 확인할 수 있어요. 빨간색 선들은 서로 평행하고 변 ㄱㄷ과 평행선이 이루는 기울기는 일정하기 때문이지요.

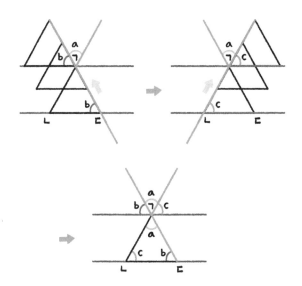

같은 방법으로 삼각형을 변 ㄱㄴ을 따라 오른쪽으로 밀어 올리면 각 ㄱㄴㄷ과 각 a의 오른쪽 각의 그기가 같음을 알 수 있습니다. 이를 종합해 보면 삼각형의 세 내각의 합 a + b + c는 평각 180°와 같다는 것을 확인할 수 있어요.

삼각형의 세 내각의 합은 180°이기 때문에 90°가 2개인 삼각형은 존재할 수 없습니다. 삼각형의 세 각 중 90°인 각이 2개라면 나머지 한 각은 0°가 되어 삼각형을 그릴 수 없지요.

한편 삼각형을 밀어 움직이지 않아도 동위각의 개념을 활용하면 각의 크기가 같다는 것을 쉽게 확인할 수 있어요. 동위각은 '같은 위치의 각'이라는 의미를 가지고 있습니다. 영어로는 대응하는 각(corresponding angle)이라고 표현하지요. **동위각은 두 직선이 다른 한 직선과 만나서 생긴 각 중 같은 쪽에 있는 각을 나타냅니다.** 예를 들어, 아래 그림에서 각 a와 각 e는 동위각입니다.

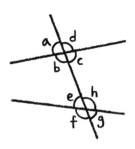

두 직선이 서로 평행하면 동위각의 크기는 서로 같고, 평행하지 않으면 동위각의 크기는 서로 다릅니다.

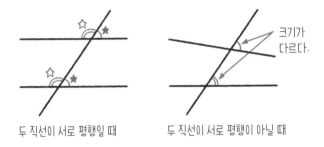

두 직선이 서로 평행일 때   두 직선이 서로 평행이 아닐 때

2. 삼각형의 구성 요소

삼각형에서 기준이 되는 변을 '밑변'이라고 합니다. 영어로는 베이스(base)라고 합니다. 베이스에는 '아래'라는 의미가 있어 우리나라 말로 아래쪽에 있는 변이라는 의미의 '밑변'으로 번역되었지만, 이때의 베이스는 '기준'이라는 뜻에 더 가깝습니다. 삼각형을 바라보는 방향에 따라 아래 위치하는 변은 바뀔 수 있기 때문에 '아래에 있는 변'이 아니라 '기준이 되는 변'으로 이해하는 것이 더 정확하지요. **삼각형의 밑변과, 밑변을 마주 보는 꼭짓점을 직각으로 연결한 선분의 길이를 높이라고 합니다.**

다음 그림에서 맨 왼쪽 그림은 예각삼각형입니다. 예각삼각형은 삼각형 안에 높이가 그려집니다. 반면 둔각삼각형을 보여 주는 가운데 그림에서는 높이가 삼각형 바깥쪽에 있습니다. 밑변을 마주 보는 꼭짓점이 밑변 바깥쪽에 있기 때문입니다. 맨 오른쪽 그림은 직각삼각형입니다. 직각삼각형의 높이는 밑변과 수직으로 만나는 직각삼각형의 한 변의 길이와 같습니다.

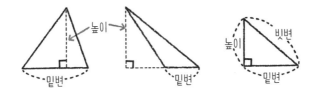

삼각형에서 각과 마주 보고 있는 변을 말할 때는 '마주 하다'라는 뜻의 한자 대(對)를 써서 대변(對邊)이라고 부릅니다. 그런데 **직각삼각형의 경우 직각과 마주 보는 비스듬한 변을 특별히 '빗변'이라고 구분해서 표현합니다.**

예각삼각형과 둔각삼각형은 '밑변'만 표시하는 반면, 직각삼각형의 세 변에는 각각 높이, 밑변, 빗변이라는 이름을 붙입니다. 왜 직각삼각형의 각 변에만 이름을 붙이는 걸까요? 직각삼각형의 세 변 사이에는 특별한 관계가 있고, 이 관계를 설명하기 위해서는 각 변에 이름이 있는 것이 더 편리하기 때문입니다. 직각삼각형의 세 변 사이의 관계에 대해서는 2부에서 함께 알아보아요.

1. 각은 크기에 따라 특별한 이름을 갖습니다.

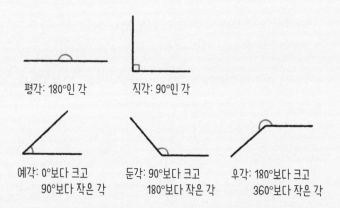

평각: 180°인 각 　　　　직각: 90°인 각

예각: 0°보다 크고 　　　둔각: 90°보다 크고 　　　우각: 180°보다 크고
　　90°보다 작은 각 　　　　180°보다 작은 각 　　　　360°보다 작은 각

2. 삼각형은 내각의 크기에 따라 예각삼각형, 직각삼각형, 둔각삼각형으로 분류할 수 있습니다. 예각삼각형은 삼각형의 세 내각 모두 예각인 삼각형입니다. 직각삼각형은 삼각형의 세 내각 중 하나가 직각인 삼각형입니다. 둔각삼각형은 삼각형의 세 내각 중 하나가 둔각인 삼각형입니다.

3. 삼각형 세 내각의 합은 180°입니다.

4. 직각삼각형의 세 변에는 각각 높이, 밑변, 빗변이라는 이름이 있습니다. 기준이 되는 변을 밑변, 밑변과 직각을 이루는 변을 높이, 직각과 마주 보는 비스듬한 변을 빗변이라고 합니다.

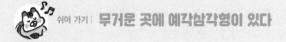

예각삼각형 모양은 자연과 건축물에서 쉽게 찾을 수 있습니다. 예각삼각형의 세 변은 위에서부터 내려오는 힘을 다른 구조물의 도움 없이 완벽하게 분산시켜 건축물의 모양을 안정적으로 유지시키기 때문이지요. 예각삼각형의 버티는 힘이 궁금하다면 종이를 부채 모양으로 접어 삼각형 모양을 만들어 보세요. 예각삼각형이 예상보다 큰 무게를 버틸 수 있다는 것을 확인할 수 있을 거예요.

건축물에서 많이 쓰이는 아치 모양 역시 무거운 무게를 견딜 수 있는 예각삼각형의 원리를 이용하여 위쪽은 좁고 아래쪽은 넓도록 벽돌을 쌓은 것입니다. 아치 모양 건축물은 기원전 4000년경 메소포타미아 지역의 유물에서도 발견될 정도로 역사가 깊어요. 아치는 무게를 효과적으로 분산시켜 튼튼한 구조물을 만드는 데 유용하기 때문에 지금도 많이 사용되고 있습니다. 고속 도로를 달리다 보면 만나게 되는 터널이 대표적이지요.

무게를 분산시키는 삼각형 구조는 우리 몸에서도 찾아볼 수 있습니다. 역도 선수들이 무거운 역기를 들 때 두 발을 벌려 삼각형 모양을 만드는 것 역시 무게를 효과적으로 분산시키기 위한 동작이랍니다.

2부

피타고라스 정리,
직각삼각형의 공식

아주 옛날부터 사람들은 직각을 특별히 중요하게 여겼습니다. 직각을 찾는 것은 물건을 만들거나 건축물을 세울 때 꼭 필요합니다. 물건을 만들 때는 똑바르게 만들어야 튼튼하고, 건물을 지을 때도 땅과 직각을 이루도록 똑바로 건축물을 세워야 무너지지 않을 테니까요. 그런데 옛날 사람들은 어떻게 직각을 측정했을까요?

직각삼각형의 세 변

고대 이집트인들은 직각삼각형 만드는 법을 알고 있었어요. 길이가 각각 3, 4, 5인 밧줄로 직각삼각형을 만들 수 있고 길이가 3, 4, 6인 밧줄로는 직각삼각형을 만들 수 없다는 것을 알았지요. 고대 이집트인들은 직각삼각형을 만들 수 있는 특정한 길이들을 기억해 두었다가 직각을 만들어야 할 때 활용했습니다.

고대 이집트인들이 직각삼각형을 만든 방법을 알아볼까요? 끈 하나를 12부분으로 똑같이 나누어 각 부분마다 위치를 표시하고, 그 위치에 매듭을 지어요. 그 끈을 이용해 빗변의 길이가 5, 나머지 두 변의 길이가 각각 3과 4인 직각삼각형을 만들었답니다. 이때 길이가 3인 변과 4인

변 사이의 각이 직각이 되었지요.

이집트뿐 아니라 13세기 중국에서 쓰인 책에도 직각삼각형에 대한 수학 문제들이 등장합니다. 1200년대 중국 수학자 양휘는 『상해구장산법(詳解九章算法)』이라는 책에서 직각삼각형의 세 변 사이의 관계를 이용해 문제를 풀었습니다.

"대나무가 있다. 그런데 대나무 줄기 중간이 부러져서 뿌리에서 한 자 (R) 떨어진 곳에 그 끝이 닿아 있다. 땅에서 부러진 곳까지의 높이는 얼마인가?"

이때 한 자(尺)는 30cm를 의미합니다. 양휘는 이 문제를 어떻게 풀었을까요? 문제를 그림으로 나타내 보면 쉽게 이해할 수 있어요. 대나무는 땅에서 하늘을 향해 수직으로 자라니까 대나무가 자라는 부분과 부러진 부분, 그리고 땅의 길이를 연결하면 직각삼각형을 그릴 수 있어요.

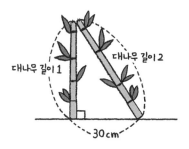

양휘는 직각삼각형의 세 변이 3:4:5의 비를 이룬다는 사실을 이용해 이 문제를 해결했습니다. 밑변의 길이가 30cm일 때, 대나무 길이 1, 즉 땅에서 부러진 곳까지의 높이는 40cm가 되는 것이지요.

이처럼 옛날 사람들은 특별한 관계의 세 변이 직각삼

각형을 만든다는 것은 알았습니다. 하지만 왜 이러한 관계가 생기는지 수학적으로 정리해서 이해하지는 못했습니다. 서양에서 직각삼각형의 세 변 사이의 관계를 처음으로 설명한 학자는 고대 그리스 철학자이자 수학자인 피타고라스입니다. 세 변 사이에는 대체 어떤 관계가 있는 걸까요?

피타고라스 정리

세상의 모든 직각삼각형은 그 크기와 모양에 상관없이 세 변 길이 사이에 특별한 관계가 있습니다. **직각삼각형의 밑변과 높이의 제곱의 합은 빗변의 제곱과 같습니다. 이와 같은 성질을 피타고라스 정리라고 합니다.** 직각삼각형에서 밑변을 a, 높이를 b, 빗변을 c라고 했을 때 세 변 사이의 관계를 식으로 나타내면 다음과 같습니다.

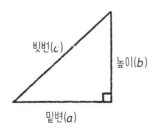

$$(a \times a) + (b \times b) = c \times c$$
$$a^2 + b^2 = c^2$$

이 공식을 정사각형을 통해 살펴봅시다. 직각삼각형의 세 변을 각각 한 변으로 하는 정사각형을 3개 그려 봅시다. 이렇게 보면 '직각삼각형의 빗변을 한 변으로 하는 정사각형의 넓이가 다른 두 변을 각각 한 변으로 하는 두 정사각형의 넓이의 합과 같다.'라고도 말할 수 있습니다.

참고로 정사각형은 모든 변의 길이가 같습니다. 그래서 넓이를 구할 때 (한 변의 길이) × (한 변의 길이), 즉 (한 변의 길이)^{2}으로 계산합니다. 따라서 빗변 c를 한 변으로 하는 정사각형의 넓이는 c^2, 변 a를 한 변으로 하는 정사각형의 넓이는 a^2, 변 b를 한 변으로 하는 정사각형의 넓이는 b^2으로 표현할 수 있습니다. 세 변의 길이가 각각 3, 4, 5인 직각삼각형의 그림을 통해 살펴보면 쉽게 이해할 수 있습니다.

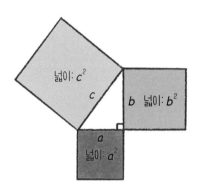

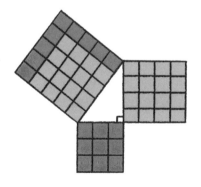

1. 피타고라스의 세 쌍

피타고라스 정리 $a^2 + b^2 = c^2$을 만족시키는 자연수 3개를 피타고라스의 수, 피타고라스의 세 쌍 또는 피타고라스의 삼조라고 합니다. 예를 들어, 자연수 3, 4, 5는 $3^2 + 4^2 = 5^2$이 성립하므로 피타고라스의 세 쌍입니다. 피타고라스의 세 쌍은 (3, 4, 5)와 같이 ( ) 안에 써서 나타내기도 하지요. 피타고라스의 세 쌍은 무수히 많습니다.

(3, 4, 5)	(5, 12, 13)	(7, 24, 25)	(8, 15, 17)
(9, 40, 41)	(11, 60, 61)	(12, 35, 37)	(13, 84, 85)
(15, 112, 113)	(16, 63, 65)	(17, 144, 145)	(19, 180, 181)
(20, 21, 29)	(20, 99, 101)	(21, 220, 221)	(23, 264, 265)
(24, 143, 145)	(25, 312, 313)	(27, 364, 365)	(28, 45, 53)
(28, 195, 197)	(29, 420, 421)	(31, 480, 481)	(32, 255, 257)
(33, 56, 65)	(33, 544, 545)	(35, 612, 613)	(36, 77, 85)

$\vdots$

피타고라스의 세 쌍이 무수히 많은 이유는 피타고라스의 세 쌍을 만드는 방법 때문이랍니다. 피타고라스의 세 쌍에 각각 같은 자연수를 곱한 수는 다시 피타고라스의 세 쌍이 됩니다. 예를 들어 피타고라스의 세 쌍 (3, 4, 5)에 2를 곱한 (6, 8, 10), 3을 곱한 (9, 12, 15) 역시 피타고라스의 세 쌍이 됩니다. 직각삼각형 각 변에 같은 수를 곱하면 크기는 다르지만 모양이 똑같은 직각삼각형이 만들어지기 때문입니다.

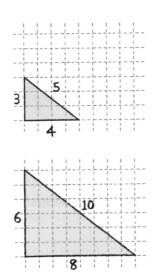

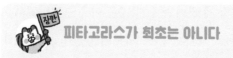

피타고라스가 직각삼각형을 연구하기 이전에도 사람들은 직각삼각형 세 변의 관계를 알고 있었습니다. 기원전 1900년경 만들어진 것으로 추정되는 고대 바빌로니아의 유물을 보면 직각삼각형을 만드는 세 수를 미리 계산하여 점토판에 적어 둔 것을 확인할 수 있습니다.

이 유물의 표를 해석하면 첫 번째 줄에는 119와 169가 적혀 있습니다. 이 두 수의 제곱의 차는 같은 수를 두 번 곱해 얻어지는 수인 완전제곱수입니다. 즉, 첫 번째 줄은 피타고라스의 세 수 (119, 120, 169)를 알려 주고 있는 것이지요.

$$169^2 - 119^2 = 120^2$$
$$\Rightarrow 119^2 + 120^2 = 169^2$$

동양에서도 피타고라스 이전에 이미 다양한 방법으로 직각삼각형의 세 변의 관계를 설명했습니다. 예를 들어, 기원전 1000년 무렵 중국의 수학책인 『주비산경(周髀算經)』에서는 '구고현의 정리'라는 이름으로 다음과 같은 그림을 통해 직각삼각형 세 변의 관계를 설명하고 있지요.

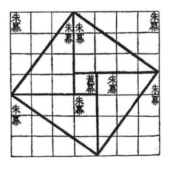

『주비산경』 제 1편에는 위의 그림과 함께 '구를 3, 고를 4라고 할 때 현은 5가 된다.'라고 쓰여 있어요. 중국에서는 이를 정리한 '진자'라는 사람의 이름을 따 '진자의 정리'라고도 불러요.

2. 피타고라스 정리의 증명

피타고라스 정리를 증명하는 방법은 다양합니다. 미국 수학자 엘리샤 루미스는 피타고라스 정리의 증명 방법을 모아 책을 썼는데,『피타고라스의 정리(The Pythagorean Proposition)』라는 제목의 이 책에는 367가지의 방법이 소개되어 있지요. 현재까지 피타고라스 정리와 관련해 약 400가지 증명 방법이 알려져 있다고 합니다. 그중 몇 가지를 살펴볼까요?

대표적인 증명 방법은 다음 그림과 같이 2개의 정사각형을 이용하는 것입니다. 그림 (가)와 같이 가운데 흰색 정사각형의 네 변 위에 직각삼각형을 그립니다. 이 직각삼각형을 오른쪽 그림 (나)와 같이 2개씩 이어 붙이면 빨간색 직사각형 2개와 하얀색 정사각형 2개가 만들어집니다.

그림 (가)와 (나)의 전체 정사각형의 넓이는 같고, 그 안에 있는 직각삼각형 4개의 넓이의 합도 같습니다. 따라서 그림 (가)의 흰색 정사각형의 넓이는 그림 (나)의

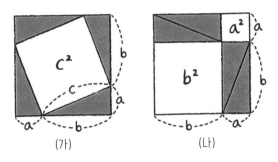

(가)　　　　　(나)

두 흰색 정사각형의 넓이의 합과 같습니다. 그림 (가)에서 정사각형의 넓이는 직각삼각형의 빗변(c)을 두 번 곱한 c^2입니다. 이때, (나)의 작은 정사각형의 넓이는 직각삼각형의 밑변(a)을 두 번 곱한 a^2과 같고 큰 정사각형의 넓이는 직각삼각형의 높이(b)를 두 번 곱한 b^2과 같습니다. 따라서 $a^2 + b^2 = c^2$으로 이해할 수 있습니다. 피타고라스 정리가 증명된 것이지요. 다른 증명 방법도 살펴볼까요?

1891년 영국 수학사 헨리 페리길은 『기하학적인 해부와 변조(Geometric Dissections and Transpositions)』라는 책에서 직각삼각형을 오려 붙이는 간단한 방법으로 피타고라스 정리를 설명했습니다.

아래 그림처럼 직각삼각형의 각 변을 한 변으로 하는 정사각형을 그린 후, 2개의 작은 정사각형의 넓이가 큰 정사각형의 넓이와 같다는 것을 실제 정사각형을 오려 붙여 설명한 것이지요. 페리갈의 설명은 수식이 없어 수학적으로 인정받지는 못했지만 피타고라스 정리를 간단하게 확인할 수 있다는 장점이 있습니다.

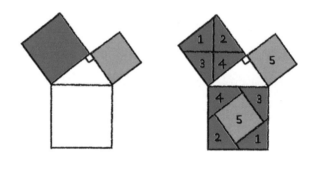

3. 피타고라스 정리가 남긴 것

피타고라스 정리는 직각삼각형의 변의 관계뿐 아니라
수(數)의 발전에도 큰 영향을 주었답니다. 피타고라스 정
리 덕분에 '무리수'가 발견되었지요. 피타고라스가 직각
삼각형의 세 변의 관계를 수학적으로 증명하기 전에 사람
들은 단순히 (3, 4, 5)와 같이 직각삼각형을 만들 수 있는
세 자연수를 알고 있는 정도였어요. 하지만 피타고라스가
$a^2 + b^2 = c^2$과 같은 식을 만들면서 여러 수들을 식에 넣
어 보기 시작했어요. 또 다양한 모양의 직각삼각형의 세
변 사이의 관계를 식으로 나타내 보기도 했지요. 피타고
라스 역시 다음 그림과 같이 빗변이 아닌 두 변의 길이가
같은 직각삼각형의 세 변에 대해 계산해 보았지요.

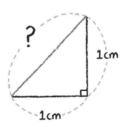

피타고라스 정리에 따르면 (빗변의 길이)^2 = 1^2 + 1^2, 즉 (빗변의 길이)^2 = 2라고 할 수 있어요. 그런데 제곱해서 2가 되는 수를 계산해 보면 1.41421356…과 같이 끝이 없는 소수가 나온답니다. 끝이 없기 때문에 빗변의 길이를 정확히 나타낼 수 없었지요. 피타고라스가 살던 시대에는 자연수와 분수만 사용했습니다. 피타고라스는 자연수로도 분수로도 나타낼 수 없는 1.41421356…이라는 수를 이해할 수 없었어요. 피타고라스는 이 수를 없는 수로 취급하기로 했지요.

하지만 이후 수학자들이 연구를 거듭하면서 자연수나 분수로 나타낼 수 없는 이러한 수를 무리수라고 부르기로 했답니다. 무리수는 '이치에 맞지 않는 수'라는 뜻을 가지고 있어요. 눈으로 볼 수 있지만 정확한 숫자로 나타낼 수 없으니 이치에 맞지 않는다고 이름을 붙인 것입니다.

수학자들은 무리수를 1.41421356…과 같이 복잡한 소수로 나타내는 대신 $\sqrt{}$ (루트) 기호를 써서 $\sqrt{2}$와 같이 간단히 표시하기로 했습니다. $\sqrt{2}$는 두 번 곱해서 2가 되는 수를 의미합니다. 즉, $\sqrt{2} \times \sqrt{2}$ = 2와 같이 쓸 수 있지요.

한편, 피타고라스 정리는 도형의 관계를 식으로 나타낼 때에도 유용하게 쓰입니다. 예를 들어, 좌표 평면 위의 두 점 사이의 거리를 구할 때, 피타고라스 정리를 이용하면 자 없이도 쉽게 계산할 수 있습니다. (2, 4)와 (−3, −4) 두 점 사이의 거리를 구해 볼까요? 우선 두 점을 연결한 선을 빗변으로 하는 직각삼각형을 그립니다.

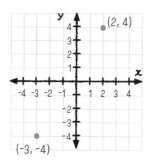 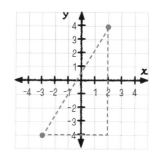

다음으로 직각삼각형의 밑변과 높이의 길이를 알아봅니다. 밑변은 x축을 기준으로 −3부터 2까지 5칸이므로 5라고 할 수 있습니다. 높이는 y축을 기준으로 −4부터 4까지 8칸이므로 8이 되겠네요. 따라서 두 점 사이의 거리, 즉 직각삼각형의 빗변의 길이를 x라 할 때, x는 피타고라스 정리를 활용하여 다음과 같이 구할 수 있습니다.

$$(빗변)^2 = (밑변)^2 + (높이)^2$$
$$x^2 = 5^2 + 8^2$$

두 점 사이의 거리 뿐 아니라 좌표 평면 위에서 원의 반지름을 구할 때에도 피타고라스 정리가 활용됩니다. 반지

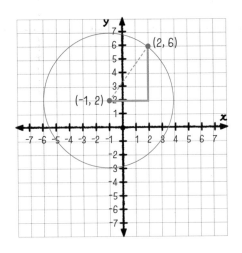

름을 빗변으로 하는 직각삼각형을 그려서 알아보는 것이지요.

　이처럼 수학에서 피타고라스 정리가 활용되는 분야는 무궁무진하답니다. 피타고라스학파가 처음 직각삼각형의 세 변 사이의 길이를 연구할 때 이와 같이 수학의 모든 분야에 활용되리라는 예상을 했을까요? 하나의 아이디어가 수학 전체로 퍼져 나가 수학을 더 발전시켰습니다. 내가 생각해 낸 수학의 개념, 원리, 공식이 몇백 년 후에 다양한 수학의 분야에서 활용된다면 너무나 멋진 일이겠지요?

 정리하기 | **피타고라스 정리**

1. 직각삼각형의 밑변과 높이의 제곱의 합은 빗변의 제곱과 같습니다. 이를 '피타고라스 정리'라고 합니다.

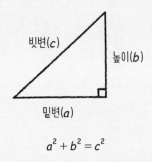

$$a^2 + b^2 = c^2$$

2. (3, 4, 5)와 같이 피타고라스 정리 $a^2 + b^2 = c^2$을 만족시키는 자연수 3개를 피타고라스의 수, 피타고라스의 세 쌍 또는 피타고라스의 삼조 라고 합니다. 피타고라스의 세 쌍은 무수히 많습니다.

3. 피타고라스 정리는 무리수를 발견하는 데 결정적인 역할을 했습니다. 무리수는 자연수나 분수로 나타낼 수 없는, 끝이 없는 소수입니다.

고대 그리스의 유명한 학자인 데모크리토스는 어느 날 마을을 산책하다 한 소년이 장작을 지고 걸어가는 것을 보았습니다. 그런데 그 장작 모양이 예사롭지 않았어요. 장작이 무너지지 않도록 정교하고 튼튼하게 쌓여 있었거든요. 데모크리토스는 소년을 불러 장작을 바닥에 다 내려놓은 후 다시 같은 모양으로 쌓아 보라고 했어요. 소년은 자신의 방법대로 쉽게 장작을 다시 쌓았지요. 그 모습을 본 데모크리토스는 소년을 집으로 데려가 공부를 시켰어요. 그 소년이 바로 피타고라스랍니다. 이렇게 피타고라스의 천재성은 어릴 때부터 눈에 띄었다고 해요.

이후 피타고라스는 철학자 탈레스에게 수학과 천문학을 배웠습니다. 탈레스는 피타고라스의 뛰어난 재능에 감탄해서 이집트에서 유학할 것을 권했어요. 당시 이집트는 문명이 발달한 국가로 수학과 천문학 분야에서 뛰어난 연구들이 이루어지고 있었지요.

피타고라스는 21년간 이집트에서 학문을 연구하며 학자로서 가장 높은 지위까지 올랐어요. 이후 바빌로니아로 건너가 12년을 더 공부하고 56세가 되었을 때 다시 고향으로 돌아왔답니다.

피타고라스가 고향으로 돌아와 사람들을 가르치자 그의 뛰어난 학식에 반한 많은 사람이 제자기 되기를 원했습니다. 그렇게 모인 제자가 무려 600여 명이나 되었다고 해요. 피타고라스는 크로톤이라는 곳에 학교를 세우고 많은 젊은이를 정치가로, 또 철학자로 키워 냈습니다. 제자들이 늘어나면서 피타고라스학파의 세력도 커졌지요. 피타고라스는 학문뿐 아니라 정치에도 관여했고 노동조합을 만들기도 했어요.

그러던 어느 날, 학업이 부족해서 피타고라스의 학교에서 쫓겨난 피파리스라는 사람이 앙심을 품고 피타고라스와 학생들을 비난하고 모함하기 시작했어요. 피타고라스는 재산을 몰수당하고 메타폰툼이라는 도시로 도망치는 신세가 되고 맙니다. 그곳에서 99세의 나이에 살해되어 안타깝게 생을 마감했다고 해요.

피타고라스는 수학사에 있어 중요한 인물로 기억되고 있습니다. 피타고라스와 그의 제자들은 직각삼각형 세 변의 비를 수학적으로 정리해 기하학과 수의 발전에 있어 큰 역할을 했습니다. 피타고라스학파가 마련한 학문적 토대는 오늘날까지도 영향을 주고 있습니다.

3부

삼각비, 각이 결정하는 변의 비율

프랑스의 황제 나폴레옹은 "수학의 발전은 곧 나라의 발전이다."라고 이야기했습니다. 수학자도 아니고 정치가인 나폴레옹 이야기를 뜬금없이 왜 꺼내느냐고요? 나폴레옹은 수학을 좋아하고 또 열심히 공부한 사람이었습니다. 공부만 한 것이 아니라 한발 더 나아가 전투에서 수학을 이용했답니다. 특히 직각삼각형은 전투에서 중요하게 쓰였습니다. 전투에 활용된 직각삼각형의 비밀을 함께 알아봅시다.

삼각비

①

나폴레옹이 살았던 18세기에는 전투에 대포를 많이 사용했습니다. 그런데 대포를 쏘아 목표물을 정확하게 맞히는 것은 쉽지 않았어요. 적이 대포로부터 얼마나 떨어져 있는지 알 수 없었기 때문이지요.

실제로 대포 사용 초기에는 목표한 위치에 포탄이 떨어질 때까지 대포를 몇 번씩 쏘아 보면서 대포의 각도를

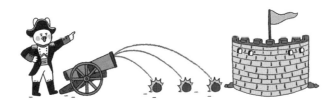

조절했다고 해요. 하지만 이런 방식은 포탄을 낭비할 뿐 아니라 적에게 나의 위치를 노출시키는 문제가 있었습니다. 그래서 사람들은 목표한 곳을 한 번에 명중하는 방법에 대해 고민하기 시작했습니다. 그러려면 대포로부터 적이 있는 위치까지의 거리를 정확히 계산해야겠지요? 이 거리 계산에 사용된 것이 바로 직각삼각형 세 변의 비, 즉 '삼각비'랍니다.

삼각비를 알아보기 전에 '비'가 무엇인지부터 확인해 봅시다. 비(比)는 수나 양을 비교하여 나타내는 방법입니다. '고추장과 식초를 3 : 1로 넣으세요.'와 같이 두 수를 비교할 때 기호 :를 이용해 두 수가 서로 몇 배가 되는지를 표시하는 방법을 말하지요.

이때 : 앞에 적는 수를 '비교하는 양', 뒤에 적는 수를 '기준량'이라고 합니다. 고추장과 식초의 비가 3 : 1이라면 비교하는 양은 고추장이 되고 기준량은 식초가 되는 것이지요. 비를 분수로 나타낸 것을 비율이라고 합니다. 비율은 비교하는 양을 기준량으로 나누어 나타냅니다.

비

$$(비교하는 양) : (기준량)$$

비율

$$(비교하는 양) \div (기준량) = \frac{비교하는 양}{기준량}$$

삼각비는 직각삼각형 변의 길이의 비를 의미합니다. 직각삼각형의 각의 크기가 일정하면, 직각삼각형의 크기와 상관없이 변의 비는 일정합니다. 예를 들어 아래 직각삼각형들을 살펴봅시다.

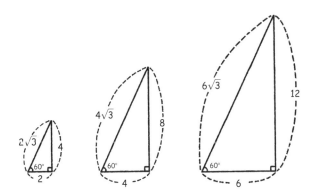

세 직각삼각형은 각의 크기가 서로 같습니다. 변의 길이는 서로 다르지만 자세히 들여다보면 어떤 규칙이 보입니다. 변의 길이가 일정하게 커지고 있지요.

첫 번째 직각삼각형에서 빗변의 길이는 $2\sqrt{3}$, 두 번째 직각삼각형에서 빗변의 길이는 $4\sqrt{3}$으로 2배가 되었습니다. 이와 동일하게 직각삼각형의 높이도 4에서 8로 2배가 된 것을 확인할 수 있습니다.

직각삼각형에서 각의 크기가 같을 때, 직각삼각형의 각 변의 길이는 일정한 비로 커지기 때문에 각 변 사이의 비율은 일정하게 유지됩니다. 세 직각삼각형의 $\frac{높이}{빗변}$는 서로 같습니다.

$$\text{첫 번째 삼각형: } \frac{높이}{빗변} = \frac{4}{2\sqrt{3}} = \frac{2}{\sqrt{3}}$$

$$\text{두 번째 삼각형: } \frac{높이}{빗변} = \frac{8}{4\sqrt{3}} = \frac{2}{\sqrt{3}}$$

$$\text{세 번째 삼각형: } \frac{높이}{빗변} = \frac{12}{6\sqrt{3}} = \frac{2}{\sqrt{3}}$$

$\frac{높이}{빗변}$뿐 아니라 다른 변 사이의 비, 즉 $\frac{밑변}{빗변}$, $\frac{높이}{밑변}$ 역시

같습니다.

　세 직각삼각형과 같이 **크기는 다르지만 모양이 같은 도형을 닮음이라고 합니다. 어떤 도형을 일정한 비율로 확대하거나 축소한 도형은 처음 도형과 닮음인 도형입니다.** 삼각형의 세 각의 크기가 같을 때, 도형을 어떤 비율로 확대하거나 축소해도 항상 원래의 삼각형과 '닮음'이 됩니다. 닮음인 삼각형은 세 각의 크기가 각각 서로 같고, 세 변의 길이는 일정한 비율로 변합니다. 따라서 직각삼각형이 닮음일 때, 직각삼각형 세 변 사이의 비, 즉 삼각비는 일정합니다. (참고로 세 각과 세 변의 길이가 모두 같을 때는 '합동'이라고 합니다.)

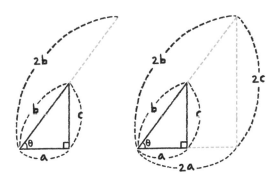

$a : b : c = 2a : 2b : 2c$

직각삼각형이 닮음일 때 삼각비$\left(\dfrac{\text{높이}}{\text{빗변}}, \dfrac{\text{밑변}}{\text{빗변}}, \dfrac{\text{높이}}{\text{밑변}}\right)$가 일정하다는 사실만 기억하면 삼각비를 잘 이해한 것입니다. 그런데 문제가 하나 있습니다. 직각삼각형을 돌리면 밑변과 높이의 위치가 달라져 헷갈릴 수 있다는 점이지요. 예를 들어 다음 두 직각삼각형은 세 각의 크기와 세 변의 길이가 같습니다. 첫 번째 직각삼각형을 오른쪽으로 90° 회전한 모양이 두 번째 직각삼각형입니다. 이런 경우 사람들은 두 삼각형의 밑변과 높이를 각기 다르게 판단할 수 있습니다. 밑변과 높이를 나타내는 변이 변하면 두 변의 비가 달라지므로 삼각비도 달라집니다.

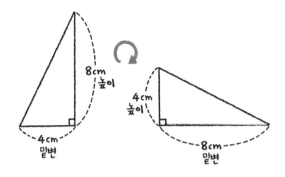

이러한 혼동을 막기 위해 수학자들은 규칙을 정했습니다. 삼각비를 이야기할 때는 직각삼각형의 세 각 중 직각이 아닌 한 각을 θ(세타)라고 정합니다. θ를 마주 보는 변을 높이, 높이와 직각을 이루는 변을 밑변, 나머지 한 변을 빗변으로 정합니다. 이렇게 기준이 되는 각을 정하면 직각삼각형을 돌리거나 뒤집어도 헷갈리지 않습니다.

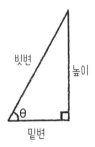

1. 사인, 코사인, 탄젠트

수학자들은 길게 이야기하는 것을 좋아하지 않습니다. 삼각비를 이야기할 때에도 각 θ를 기준으로 했을 때 $\frac{높이}{빗변}$, 이런 식으로 길게 말하는 것을 원하지 않았어요. 그래서 간단하게 나타내는 기호를 만들었답니다.

사인

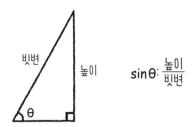

직각삼각형에서 각 θ를 기준으로 했을 때 $\frac{높이}{빗변}$를 'sinθ'라고 쓰고 사인 세타라고 읽습니다. sin은 사인(sine)을 줄인 말이에요. 라틴어 시누스(sinus)에서 유래된 이 단어에는 '만' '접다'라는 뜻이 있지요. 만은 해안선에서 육지 쪽으로 쏙 들어간 곳을 뜻합니다. 직각삼각형의 뾰족한 부분과 비슷한 모양이지요.

코사인

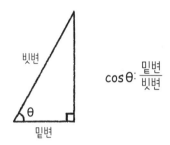

직각삼각형에서 각 θ를 중심으로 $\frac{밑변}{빗변}$ 을 'cosθ'라고 쓰고, 코사인 세타라고 읽습니다. 코사인은 '사인을 보완하다(complement sine)'라는 의미입니다. 수학에서 '보완하다'라는 용어는 특별한 의미로 쓰입니다. 예를 들어 2와 8은 합해서 10이 되는 두 수입니다. 이때 2를 8의 보수, 즉 '보완하는 수(complement number)'라고 합니다. 마찬가지로 8은 2의 보수입니다. 수학에서 보완은 무엇을 이루게

하는 나머지라는 뜻으로 많이 쓰입니다. 직각삼각형에서 빗변을 포함하는 비는 2개입니다. $\frac{높이}{빗변}$는 $\sin\theta$이고, 빗변을 포함하는 나머지 비인 $\frac{밑변}{빗변}$은 $\cos\theta$이므로 $\sin\theta$와 $\cos\theta$를 합하면 직각삼각형에서 빗변을 이용하여 나타낼 수 있는 변들의 모든 비를 나타낼 수 있지요. 따라서 코사인이 사인을 보완한다고 이해할 수 있는 것입니다.

탄젠트

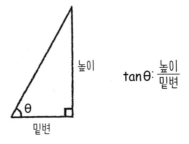

직각삼각형에서 각 θ를 중심으로 $\frac{높이}{밑변}$를 '$\tan\theta$'라고 쓰고 탄젠트 세타라고 읽습니다. 탄젠트는 '접하다'라는 의미를 가진 라틴어 탄제레(tangere)에서 유래했습니다. 참고로 원래 수학에서 탄제레는 다음 그림의 빨간색 선과 같이 도형에 접하는 선을 의미합니다.

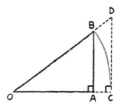

삼각비 기호는 헷갈리기 쉽습니다. 사인, 코사인 이렇게 이름도 비슷한 데다가 의미도 비슷하기 때문이지요. 그래서 사람들은 삼각비 기호를 쉽게 외우는 법을 생각해 냈답니다.

영어 필기체 모양을 떠올리면 삼각비 기호를 비교적 쉽게 외울 수 있습니다. 먼저, 사인(sin)이 머리글자는 S인데요, 필기체 S를 삼각형 위에 써 보면 빗변에서부터 쓰기 시작해서 높이로 끝납니다. 따라서 $\dfrac{높이}{빗변}$로 외우는 것이지요.

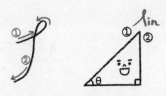

다음으로 코사인(cosin)의 머리글자는 C입니다. 필기체 C를 삼각형 위에 쓰면 빗변에서 시작해서 밑변으로 끝납니다. 따라서 코사인은 $\frac{밑변}{빗변}$으로 기억합니다.

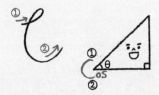

마지막으로 탄젠트(tan)의 머리글자 t의 필기체를 삼각형 위에 써봅시다. 밑변에서 시작해서 높이로 끝나지요? 따라서 $\frac{높이}{밑변}$로 기억합니다.

2. 또 다른 삼각비

수학자들은 3가지 삼각비 외에 추가로 삼각비를 더 찾아 기호로 약속했습니다. 수학적인 계산을 위해 필요한 삼각비가 있었거든요.

계산을 위해 만든 삼각비는 코시컨트(cosecont), 시컨트(secont), 코탄젠트(cotangent)입니다. 이 삼각비들은 기존의 삼각비들과 역수(易數) 관계에 있습니다.

역(易)은 '바꾸다, 뒤집다'라는 뜻의 한자로 역수는 '뒤집은 수'라는 의미를 가집니다. 역수의 개념은 분수와 연관 지어 생각하면 됩니다. 예를 들어, 3을 뒤집은 수는 무엇일까요? 3은 분수 $\frac{3}{1}$으로 나타낼 수 있습니다. $\frac{3}{1}$을 뒤집으면, 즉 분모와 분자의 위치를 바꾸면 $\frac{1}{3}$이 되지요. 따라서 3의 역수는 $\frac{1}{3}$입니다.

코시컨트(cosecont)는 사인의 역수입니다. 사인을 뒤집으면 코시컨트가 됩니다. 사인이 $\frac{높이}{빗변}$이므로 역수인 코시컨트는 $\frac{빗변}{높이}$이 됩니다. 코시컨트는 기호로 'cosecθ'라고 씁니다.

시컨트(secont)는 코사인의 역수입니다. 코사인은 $\frac{밑변}{빗변}$ 이었지요? 따라서 시컨트는 이를 뒤집은 $\frac{빗변}{밑변}$ 이 됩니다. 시컨트는 'secθ'라고 씁니다.

마지막으로 코탄젠트(cotangent)는 탄젠트의 역수입니다. 탄젠트는 $\frac{높이}{밑변}$ 이니까, 코탄젠트는 $\frac{밑변}{높이}$ 이 됩니다. 코탄젠트는 기호로 'cotθ'라고 씁니다.

sinθ 사인 세타	$\frac{높이}{빗변}$	$\leftrightarrow$	cosecθ 코시컨트 세타	$\frac{빗변}{높이}$
cosθ 코사인 세타	$\frac{밑변}{빗변}$	$\leftrightarrow$	secθ 시컨트 세타	$\frac{빗변}{밑변}$
tanθ 탄젠트 세타	$\frac{높이}{밑변}$	$\leftrightarrow$	cotθ 코탄젠트 세타	$\frac{밑변}{높이}$

3. 삼각비의 표

직각삼각형의 가장 큰 특징은 이름이 보여 주듯 '직각'을 포함하고 있다는 것입니다. 모든 삼각형의 세 내각의 합은 180°입니다. 그런데 직각삼각형의 경우 한 각이 직각(90°)으로 정해져 있으니 나머지 한 각의 크기만 알면 다른 각의 크기도 알 수 있습니다. 예를 들어, 직각삼각형에서 한 각의 크기가 60°라고 할 때, 직각을 뺀 나머지 각의 크기는 180° − 90° − 60°, 즉 30°가 되는 것이지요.

앞에서 도형의 닮음을 이야기하면서, 직각삼각형에서 세 각의 크기가 같으면 서로 닮음이 되어 각 변의 비가 일

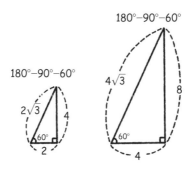

정하다고 했습니다. 따라서 직각삼각형에서는 직각을 제외한 한 각의 크기만 같으면 서로 닮음이 됩니다. 닮음이라는 것은 곧 각 변의 비, 즉 삼각비가 같다는 것이지요.

수학자들은 이러한 성질을 이용해서 '삼각비의 표'를 만들었습니다. 직각삼각형에서 직각을 제외한 한 각에 대해 사인, 코사인, 탄젠트를 미리 계산하여 표로 정리해 둔 것이지요. 보통 삼각비의 표는 0°에서 90°까지, 1° 단위로 삼각비의 값이 정리되어 있습니다. 삼각비의 표를 읽을 때에는 사인, 코사인, 탄젠트 중 찾고 싶은 삼각비를 먼저 정하고 찾고 싶은 각을 찾아 가로줄과 세로줄이 만나는 곳의 수를 읽습니다.

예를 들어, $\sin 10°$는 다음 표와 같이 0.1736임을 찾을 수 있습니다. 삼각비의 표를 활용하면 매번 계산하지 않아도 삼각비의 값을 쉽게 구할 수 있지요.

각(θ)	사인($\sin\theta$)	코사인($\cos\theta$)	탄젠트($\tan\theta$)
0	0.0000	1.0000	0.0000
1	0.0175	0.9998	0.0175
2	0.0349	0.9994	0.0349
3	0.0523	0.9986	0.0524
4	0.0698	0.9976	0.0699
5	0.0827	0.9962	0.0875
6	0.1045	0.9945	0.1051
7	0.1219	0.9925	0.1228
8	0.1392	0.9903	0.1405
9	0.1564	0.9877	0.1584
10	0.1736	0.9848	0.1763
11	0.1908	0.9816	0.1944
12	0.2079	0.9781	0.2126
13	0.2250	0.9744	0.2309
14	0.2419	0.9703	0.2493
15	0.2588	0.9659	0.2679
16	0.2756	0.9613	0.2867
17	0.2924	0.9563	0.3057
18	0.3090	0.9511	0.3249
19	0.3256	0.9455	0.3443
20	0.3420	0.9397	0.3640

⋮

★ 삼각비는 소수점 아래 다섯째 자리에서 반올림한 값으로 나타냅니다.

4. 삼각비 활용하기

그럼 다시 나폴레옹 이야기로 돌아가 볼까요? 대포를 쏘는 데 삼각비를 어떻게 이용한 걸까요? 삼각비를 이용해 적군의 위치를 계산하는 방법은 다음과 같습니다. 아래 그림과 같이 적이 세로로 일직선상에 보이도록 대포를 배치합니다. 그런 다음 대포와 가로로 일직선상에 위치한 곳에 우리 군의 파수꾼을 보내는 거예요.

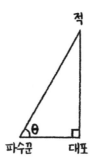

파수꾼은 자신의 위치에서 대포와 적군 사이의 각 θ를 측정합니다. 예를 들어, θ가 45°라고 해 봅시다. 삼각비의 표에서 tan45°는 1과 같습니다. 그렇다면 $\frac{높이}{밑변}$, 즉

$\dfrac{\text{대포와 적 사이의 거리}}{\text{대포와 파수꾼 사이의 거리}}$ 가 1이므로, 대포와 파수꾼 사이의 거리와 대포와 적 사이의 거리가 같다는 결과가 나옵니다. 따라서 적의 위치를 파악할 수 있는 것이지요.

삼각비가 전쟁에서 사람을 공격하는 데 쓰였다니, 수학을 사랑하는 입장에서는 안타까운 이야기입니다. 하지만 삼각비는 전쟁뿐 아니라 우리 생활 곳곳에서 다양하게 활용되고 있습니다. 건물의 높이, 비행기의 고도, 땅의 크기 등의 계산도 직각삼각형만 만들 수 있다면 쉽게 할 수 있습니다.

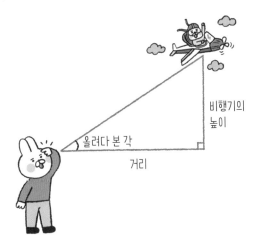

올려다 본 각

비행기의 높이

거리

정리하기 | **삼각비**

1. 삼각비는 직각삼각형 변의 길이의 비를 의미합니다.

2. 크기는 다르지만 모양이 같은 도형을 닮음이라고 합니다. 삼각형의 세 각의 크기가 같을 때, 도형을 어떤 비율로 확대하거나 축소해도 항상 원래의 삼각형과 닮음이 됩니다.

3. 직각삼각형이 닮음일 때, 삼각비는 일정합니다. 즉, 직각삼각형의 각 변의 길이를 a, b, c라고 할 때, 한 변의 길이를 2배로 늘려 직각삼각형을 그리면 다른 변도 모두 2배씩 늘어납니다. 이때, 삼각형 세 변 사이의 비는 변하지 않습니다.

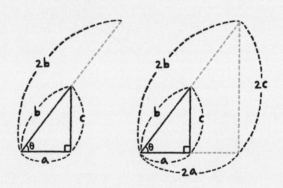

$$a : b : c = 2a : 2b : 2c$$

4. 기본적인 삼각비 기호로는 사인, 코사인, 탄젠트가 있습니다. 세 삼각
   비의 역수는 각각 코시컨트, 시컨트, 코탄젠트입니다.

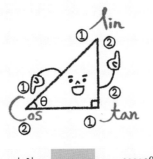

sinθ 사인 세타	$\dfrac{높이}{빗변}$	↔	cosecθ 코시컨트 세타	$\dfrac{빗변}{높이}$
cosθ 코사인 세타	$\dfrac{밑변}{빗변}$	↔	secθ 시컨트 세타	$\dfrac{빗변}{밑변}$
tanθ 탄젠트 세타	$\dfrac{높이}{밑변}$	↔	cotθ 코탄젠트 세타	$\dfrac{밑변}{높이}$

5. 직각삼각형에서 직각을 제외한 한 각에 대해 사인, 코사인, 탄젠트를
   미리 계산하여 정리한 표를 삼각비의 표라고 합니다. 보통 삼각비의
   표는 0°에서 90°까지, 1° 단위로 삼각비의 값을 계산하여 만듭니다.
   삼각비의 표를 활용하면 삼각비의 값을 쉽게 구할 수 있습니다.

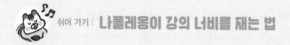

어려서부터 수학을 잘했던 나폴레옹은 수학을 잘해야 전쟁에서 이길 수 있다고 믿었습니다. 수학을 잘하면 우수한 무기도 만들 수 있고, 전략도 잘 세울 수 있다고 믿었지요.

그래서인지 나폴레옹이 만든 군사 학교 '에콜 폴리테크니크'에서는 수학을 필수 과목으로 가르쳤습니다. 또한 나폴레옹의 프랑스군이 독일을 침공했을 때에도 독일의 유명 수학자 카를 프리드리히 가우스가 사는 마을은 공격하지 않았다는 일화도 있지요.

나폴레옹은 실제 전쟁에서 수학 지식을 적극 활용했습니다. 하루는 강 건너편에 있던 적군을 공격하기 위해 강의 너비를 알아내야 했습니다. 전쟁 중에 강의 너비를 구하려고 강을 건넜다가는 적의 공격을 받을 겁니다. 고민하던 나폴레옹은 강을 건너지 않고도 너비를 계산하는 방법을 생각해 냈습니다.

강의 너비를 측정하기 위해 나폴레옹은 강가에 서서 턱이 가슴에 닿을 때까지 머리를 숙였습니다. 그러고는 멀리 볼 때 손을 눈썹 위에 올리는 것과 같이 이마에 손을 대고 손바닥의 가장자리가 반대쪽 한 점에 닿는 것처럼 만들었습니다. 그런 뒤 손을 움직이지 않고 그대로 뒤돌아섰지요. 이때 손 가장자리가 닿는 물체는 강을 가로지르는 거리와 같은 거리에 있게 됩니다. 이 물체까지의 거리를 계산하면 강 너비를 알 수 있게 된답니다.

어떻게 이런 일이 가능할까요? 나폴레옹은 자신을 직각삼각형의 한 부분으로 생각한 것입니다. 나폴레옹의 키를 직각삼각형의 높이로, 이마에 올린 손을 연장한 선을 직각삼각형의 빗변으로 생각하면 강 건너 한 점까지의 거리는 직각삼각형의 밑변이 되지요. 나폴레옹은 삼각형의 높이가 되어 강의 너비만큼 큰 삼각형을 상상한 후 반대로 돌아 크기는 같지만 좌우가 바뀐 모양의 삼각형을 상상했어요. 강의 너비만 한 밑변을 가진 직각삼각형을 반대편 땅에서 재현해서 길이를 측정할 수 있었습니다.

4부

삼각함수, 삼각비의 함수

삼각함수는 고등학교 『수학Ⅰ』에서 배우는 내용입니다.

삼각함수는 직각삼각형의 비인 삼각비의 함수입니다.
다양한 삼각비의 값을 쉽게 계산하고 이를 그래프로
나타내기 위해 삼각비를 식으로 표현한 것이지요.

삼각함수에 대해 본격적으로 알아보기 전에 우선 함수가 무엇인지부터 확인해 봅시다. 함수(函數)는 상자를 나타내는 한자 함(函)과 수를 나타내는 한자 수(數)를 합친 단어입니다. 수를 넣는 상자를 의미하지요. 이 상자를 통과하면 원래의 수는 새로운 수로 변하게 됩니다. 함수를 영어로는 펑션(function)이라고 하는데 function은 '작용'이라는 뜻의 단어예요. 어떤 수가 새로운 수로 변하게 하는 작용이라는 의미로 이해하면 돼요.

'수를 변하게 하는 상자'를 하나 상상해 봅시다. 어떤 수든지 이 상자를 통과하면 3이 더해져서 나와요. 이 상자에 1이 들어가면 4가 되고, 2가 들어가면 5가 되어 나옵니다.

이 상자를 그림으로 나타내면 이렇게 표현할 수 있겠죠.

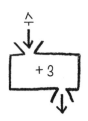

그런데 1, 2, 3…과 같이 상자에 들어가는 모든 수를 다 적을 필요는 없습니다. 간단하게 x라고 표현하면 돼요. $x + 3 = 5$처럼 식에서 모르는 양을 표시할 때 알파벳 x를 사용하는 것이 일반적인 것처럼 함수에서도 들어가는 수를 x라고 표현합니다. 그림으로 표현한 함수는 '어떤 수 x가 들어가면 3이 더해지는 상자'라고 할 수 있습니다. 이를 다음과 같이 간단한 식으로 표현할 수 있어요. 함수를 식으로 나타낼 때는 function의 머리글자인 f를 사용해 간단하게 나타냅니다.

$$함수(x) = x + 3$$
$$f(x) = x + 3$$

1. 각을 넣는 함수

이제 삼각함수가 무엇인지 알아봅시다. 직각삼각형에서 변의 길이의 비를 '삼각비'라고 했습니다. 빗변, 밑변, 높이를 정할 때 혼동이 되지 않도록 직각이 아닌 각 θ에 대한 삼각비를 정했지요.

삼각함수는 각 θ를 넣으면 직각삼각형의 두 변의 비가 계산되어 나오는 상자를 의미해요. 예를 들어, $f(\theta) = \sin\theta$라는 함수를 생각해 볼까요? 이 상자에 각 θ가 들어가면 $\sin\theta$, 다시 말해 각 θ에 대한 직각삼각형의 $\dfrac{높이}{빗변}$ 값이 계산되어 나오는 것이지요.

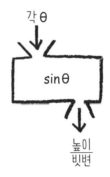

각 30°를 함수 $f(\theta) = \sin\theta$에 넣어 볼까요? $\sin 30°$의 값을 삼각비의 표에서 찾아보면 0.5입니다. 따라서 삼각함수에 θ 대신 30°를 넣으면 $\sin 30°$, 즉 0.5가 나오게 됩니다.

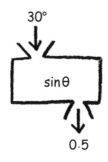

삼각비의 표가 있는데 왜 굳이 삼각함수를 사용하는 걸까요? 앞서 살펴본 나폴레옹과 파수꾼의 이야기를 이용해 생각해 봅시다. 나폴레옹은 파수꾼을 이용해 직각삼각형을 상상한 후 삼각비를 이용해 적까지의 거리를 계산했습니다. 그런데 이때 다른 문제가 생겼다고 가정해 봅시다. 적이 지원군을 요청해 또 다른 적군이 나타난 것이에요. 지원군은 적군 옆쪽에 있고 파수꾼과는 일직선상에 있습니다.

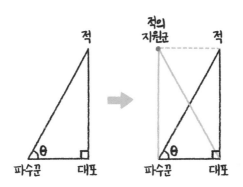

아군이 적의 지원군에게 대포를 발사하려면 다시 삼각비를 계산해야 합니다. 그런데 자세히 살펴보면 원래의 직각삼각형과 지원군, 파수꾼, 아군의 위치를 연결하여 만든 직각삼각형이 크기는 같고 방향만 반대임을 알 수 있습니다. 크기가 같기 때문에 삼각비도 모두 같지요.

수학자들은 이 재미있는 사실을 수학적으로 어떻게 표현할 수 있을지 고민했어요. 직각삼각형을 뒤집어도 $\sin\theta$의 크기는 같아요. 하지만 직각삼각형의 방향이 다르니 구분해서 표현해야 합니다. 방향이 다르다는 것을 수학자들은 어떻게 나타냈을까요? 바로 각의 크기를 이용해 나타냈습니다.

삼각비의 표에는 $0°$~$90°$ 사이의 각의 값만 나오지만 삼각함수에는 $190°$, $540°$와 같이 어떤 크기의 각도 넣을 수 있답니다. 설명을 듣다 보니 조금 이상하지요? 직각삼각형의 세 내각의 합은 $180°$이고, 한 각은 반드시 $90°$이잖아요. 따라서 직각삼각형에서 직각이 아닌 다른 각 θ는 $90°$보다 클 수 없습니다. 그런데 대체 어떻게 $190°$, $540°$와 같이 큰 각의 삼각비 값을 계산할 수 있을까요?

삼각함수에서 θ는 각도의 크기뿐 아니라 직각삼각형의 방향을 나타내기 때문입니다. 어떻게 방향을 나타내는지 아래 그래프를 통해 살펴봅시다. 삼각함수에서 θ의 크기를 측정할 때는 왼쪽 그림과 같이 x축에 직각삼각형을 올려놓고 측정합니다. 이때 직각삼각형의 직각은 y축의 오른쪽에 위치하게 됩니다.

그렇다면 직각삼각형을 y축을 기준으로 좌우 대칭시켰을 때 θ의 크기는 어떻게 나타낼 수 있을까요? **이때의 θ는 삼각형 안쪽의 각이 아니라 기준선이 되는 x축에서 빗변까지의 각으로 나타냅니다.** 이렇게 나타내면 θ가 90°보다 크게 되지요. 이와 같은 방법으로 다양한 크기의 θ를 만들 수 있어요.

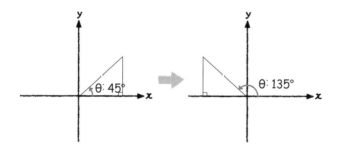

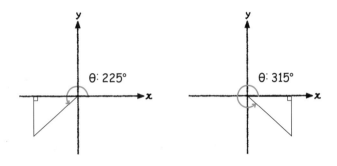

θ의 크기가 360°보다 큰 경우는 직각삼각형이 한 바퀴 넘게 회전한 후의 각을 의미합니다. 즉 θ가 380°라면 360°를 회전하여 원래의 모양으로 돌아온 후 다시 20°만큼 더 회전한 것입니다. 따라서 sin380°의 값은 sin20°의 값과 같게 됩니다.

❷ 삼각함수 그래프

　지금부터는 삼각함수 그래프 그리는 법에 대해 살펴볼 거예요. 수학자들이 그래프를 만든 건 삼각함수를 표로 완벽하게 정리하는 것이 불가능하기 때문입니다. 삼각함수에서 각도는 방향을 나타내기 때문에 190°, 540° 이런 식으로 끝도 없이 커질 수 있습니다. 게다가 38.55°같은 소수점 크기의 각이 될 수도 있지요. 삼각함수를 표로 만든다면 모든 크기의 각을 다 넣어야 합니다. 따라서 끝이 없는 표가 될 거예요.

　삼삭함수를 그래프로 나타내면 또 다른 장점이 있습니다. 삼각비는 변 사이의 비율은 알려 주지만 변의 길이를 알려 주지는 않지요. 따라서 삼각비는 직각삼각형의 한 변의 길이를 알고 있을 때 다른 변의 길이를 구하는 데 사용됩니다. 즉 직각삼각형의 크기를 알려면 적어도 한 변의 길이를 알고 있어야 하지요. 그러나 삼각함수 그래프는 삼각함수의 모든 값과 더불어 직각삼각형의 한 변의 길이까지 보여 줍니다. 중요한 정보를 한 가지 더 보여 주는 것이지요.

삼각함수 그래프는 손으로 그리는 것이 아니라 컴퓨터 프로그램으로 그린답니다. 또 삼각함수를 계산해서 알려 주는 계산기도 있기 때문에 삼각함수의 값을 외울 필요는 없습니다. 컴퓨터 프로그램과 계산기가 있는데 왜 그래프 그리는 법을 배우는 걸까요? 그래프를 보아도 이것이 무엇을 의미하는지 알 수 없다면 삼각함수를 제대로 활용할 수 없기 때문입니다. 그러니 삼각함수 그래프의 모양을 확인하는 데 초점을 두고 앞으로의 내용을 살펴보기 바랍니다.

삼각함수를 그래프로 나타내기 위해서는 우선 삼각함수 값을 가장 간단하게 계산할 수 있는 방법을 생각해야 합니다.

예를 들어, sin은 직각삼각형의 $\dfrac{높이}{빗변}$를 계산한 값입니다. sin은 각의 크기가 같을 때 모든 직각삼각형에서 그 값이 일정하기 때문에 빗변이 1, 2, 3 어떤 값이어도 상관없지요. $\dfrac{높이}{빗변}$의 계산을 쉽게 하기 위해서 빗변의 길이를 1로 생각해 봅시다. 빗변의 길이가 1일 때, sin값인 $\dfrac{높이}{빗변}$는 $\dfrac{높이}{1}$가 됩니다. 즉 sinθ를 높이의 길이로만 나타낼 수 있지요. 이처럼 분모를 1로 생각하면 삼각함수 값을 쉽게 계산할 수 있습니다.

1. 사인 그래프

빗변의 길이가 1일 때, θ 크기에 따른 직각삼각형의 모양들은 다음과 같습니다. 직각삼각형의 빗변의 길이가 1로 같으므로, 빗변의 끝을 연결한 모양은 반지름을 1로 하는 원이 됩니다

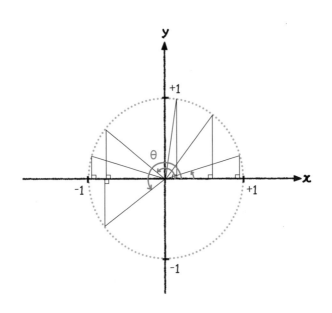

$\sin\theta$는 $\dfrac{높이}{빗변}$이므로 빗변의 길이가 1일 때 $\sin\theta$는 $\dfrac{높이}{1}$로 나타낼 수 있습니다. 사인 그래프는 이 높이의 값만 모아서 그린 그래프입니다. 사인 그래프에서 가로축은 각의 크기 θ를, 세로축은 $\sin\theta$, 즉 직각삼각형의 높이를 의미합니다. θ의 크기에 따라 직각삼각형의 높이는 변하게 됩니다. 함께 그래프를 그려 볼까요?

① 직각삼각형의 높이를 점으로 나타냅니다.

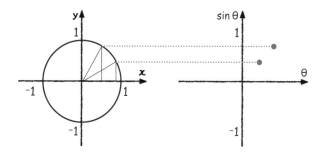

② 점들을 연결합니다.

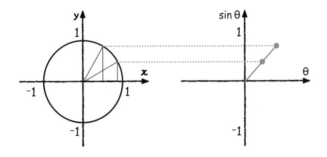

이와 같은 방법으로 점들을 연결하다 보면 다음과 같이 사인 그래프가 완성됩니다. θ가 360°를 넘게 되면 직각삼각형이 한 바퀴를 돌아 원래의 모양이 된 것이므로 sin0°~sin360°의 그래프 모양이 반복되어 나타납니다. sinθ가 가장 클 때는 높이와 빗변의 길이가 같을 때이며 그 값은 1입니다. 실생활에서는 빗변과 높이의 길이가 같은 직각삼각형은 찾아볼 수 없습니다. 수학적으로 그렇게 된다고 머릿속으로만 생각하는 것이지요. 한편, 그래프에서 −1은 높이가 −1만큼 존재한다는 뜻이 아니라 직각삼각형의 방향이 거꾸로 되었다는 것을 나타냅니다.

③ 같은 방법으로 360°까지의 그래프를 그립니다.

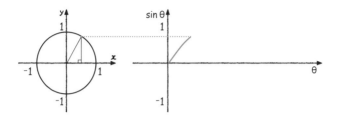

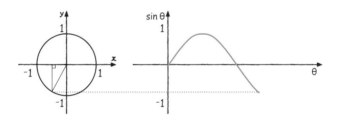

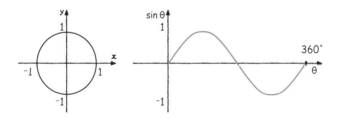

2. 코사인 그래프

$\cos\theta$는 직각삼각형에서 $\dfrac{\text{밑변}}{\text{빗변}}$을 의미합니다. 빗변의 길이가 1이라고 생각하면 $\cos\theta$는 $\dfrac{\text{밑변}}{1}$이므로 $\cos\theta$를 밑변의 길이로 나타낼 수 있습니다. 즉 코사인 그래프는 밑변 길이의 변화를 모아 나타낸 그래프입니다. 세로축은 각의 크기 θ를, 가로축은 $\cos\theta$, 즉 직각삼각형의 밑변을 의미합니다. 그래프를 그리면 다음과 같습니다.

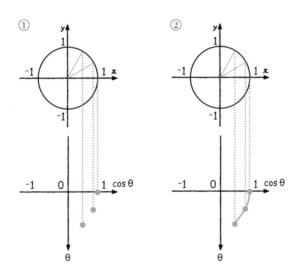

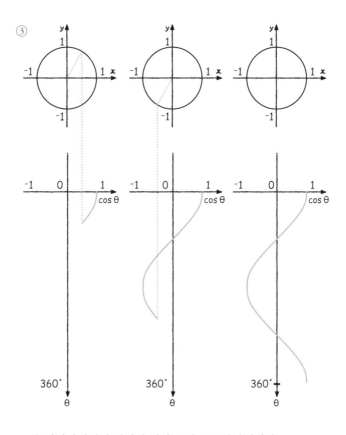

① 직각삼각형의 밑변의 길이를 점으로 나타냅니다.

② 점들을 연결합니다.

③ 같은 방법으로 360°까지의 그래프를 그립니다.

θ가 360°를 넘게 되면 직각삼각형이 한 바퀴를 돌아 원래의 모양이 된 것이므로 cos0°~cos360°의 그래프 모양이 반복되어 나타나지요.

사인 그래프와 코사인 그래프를 하나의 그림으로 나타내면 아래와 같은 모습이에요. 사인 그래프는 직각삼각형의 높이의 변화를, 코사인 그래프는 직각삼각형의 밑변의 변화를 그린 것을 볼 수 있습니다.

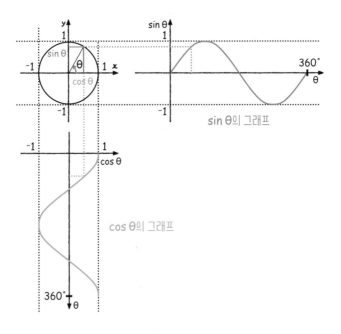

우리가 앞서 그린 코사인 그래프의 모습은 아래쪽을 향해 있었습니다. 그렇게 그려도 문제는 없지만 일반적으로 함수 그래프는 가로축(x축)에 함수 상자에 들어가는 수를, 세로축(y축)에 함수 상자를 통과해서 나오는 값을 적는답니다. 삼각함수에서 상자에 들어가는 수는 각도이고, 나오는 값은 삼각비이지요. 따라서 그래프를 90° 돌려 일반적인 그래프 형태로 바꾸면 아래와 같은 모습의 코사인 그래프가 완성됩니다.

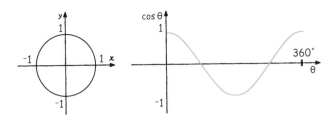

3. 탄젠트 그래프

　tanθ는 직각삼각형의 $\frac{높이}{밑변}$를 의미합니다. 밑변의 길이를 1로 생각하면 $\frac{높이}{1}$이므로 tanθ는 직각삼각형의 높이로 나타낼 수 있어요. 탄젠트 그래프는 빗변을 1로 정한 사인 그래프나 코사인 그래프와 달리 밑변을 1로 정했기 때문에 그래프가 조금 다른 모습으로 그려집니다. 쉽게 이해하기 위해 우선 0~90° 사이의 직각삼각형만 그려 볼까요? 0~90° 사이에서 밑변의 길이가 1인 직각삼각형은 무수히 많이 그릴 수 있답니다.

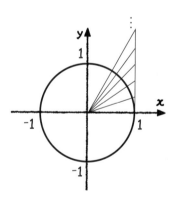

높이의 길이만큼 점을 찍어 그래프로 나타내면 탄젠트 그래프는 끝없이 위로 올라가는 형태가 됩니다.

① 직각삼각형의 높이를 점으로 나타냅니다.

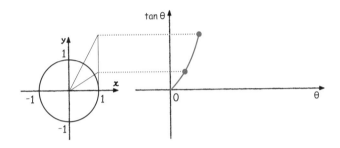

② 점들을 연결합니다.

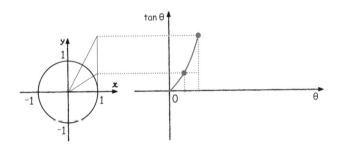

③ 같은 방법으로 360°까지의 그래프를 그립니다.

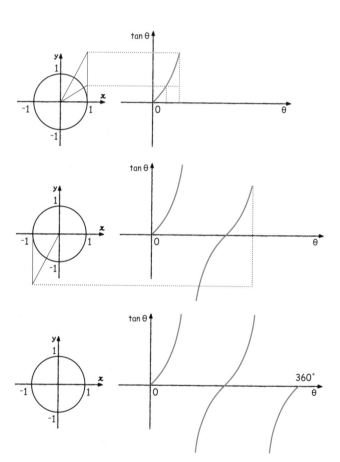

보이는 것처럼 탄젠트 그래프는 사인 그래프, 코사인 그래프와 달리 위, 아래 방향으로 끝없이 나아가는 특징이 있습니다.

삼각함수 그래프는 우리 생활 곳곳에서 사용됩니다. 가장 대표적으로는 파동의 반복적인 움직임을 이해하고 수식으로 설명하는 데 활용됩니다.

에너지의 움직임을 파동이라고 합니다. 우리가 소리를 듣는 원리를 생각하면 쉽게 이해할 수 있어요. 누군가 말을 하면 목의 성대가 떨립니다. 이 떨림이 성대 주변의 공기를 흔들고, 그 흔들림이 다른 사람 귀의 고막까지 도착하면 비로소 그 소리를 듣게 되는 것이지요. 소리는 진동하는 물체(성대)에 의해 공기의 흔들림이 퍼져 나가는 파동입니다. 파동의 모양을 그림으로 나타내면 다음과 같습니다. 위아래로 진동하며 앞으로 나아가지요.

진행 방향

소리를 만드는 파동의 모양을 그래프로 나타내면 다음과 같습니다. 어때요? 삼각함수 그래프와 닮아 있지요?

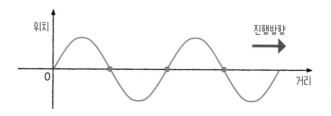

삼각함수로 소리의 파동을 계산할 수 있기 때문에, 삼각함수는 음악 작업에서 유용하게 쓰입니다. 요즘은 컴퓨터나 이퀄라이저라는 기계를 이용해 음악 작업을 합니다. 이 기계를 이용하면 음악의 잡음을 없애고, 높은 소리를 낮추거나 반대로 낮은 소리를 높이는 것을 손쉽게 할 수 있지요. 이러한 컴퓨터 프로그램이나 이퀄라이저는 소리의 파동을 삼각함수로 계산해 작동합니다.

소리 외에 지진을 만드는 파동 역시 삼각함수 그래프로 나타낼 수 있습니다. 또 삼각함수는 물체 사이에 작용하는 힘과 운동의 관계를 연구하는 역학(力學), 전기 공학 등 다양한 분야에서 사용됩니다.

1. 삼각함수는 각 θ에 대한 사인, 코사인, 탄젠트, 시컨트, 코시컨트, 코탄젠트의 값을 나타낸 것입니다.

2. 삼각함수에서 θ는 각도의 크기뿐 아니라 직각삼각형의 방향을 나타내기 때문에 90°보다 큰 각에 대해서도 삼각비를 나타낼 수 있습니다.

3. 삼각함수를 좌표 평면 위에 그래프로 나타내면 다음과 같습니다.

   ① 사인 그래프

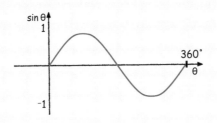

② 코사인 그래프

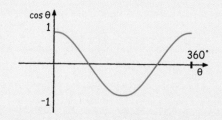

③ 탄젠트 그래프

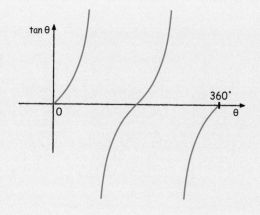

 쉬어 가기 | **음악과 사인 그래프**

리코더, 피아노, 바이올린 등 여러 가지 악기들은 각각 서로 다른 소리를
냅니다. 악기 고유의 색을 음색이라고 하지요. 악기들이 내는 소리는 서
로 다른 파동을 만듭니다. 다음 사진이 보여 주는 것처럼 파동을 감지해
그래프 모양으로 나타내 주는 오실로스코프와 같은 장치를 이용하면 소
리를 눈으로 볼 수 있습니다. 서로 다른 악기들의 음색을 사인 그래프를
통해 확인하게 되는 것이지요.

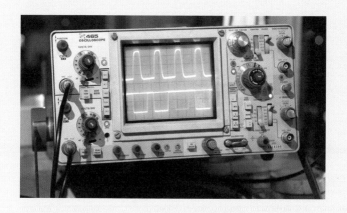

악기를 비롯한 모든 소리는 하나의 파동으로만 이루어져 있지 않습니다.
낮은 소리와 높은 소리 등 여러 가지 소리가 섞여 하나의 악기 음을 만들

지요. 따라서 악기의 파동 그래프는 다양한 파동들 각각의 사인 그래프들이 섞인 모양이 됩니다. 예를 들어 다음 그림에서 사인 그래프 A, B, C, D는 각각 서로 다른 소리를 나타내는 파동이에요. 소리 A, B, C, D가 섞이면서 E와 같은 파동을 가진 소리가 되는 것이지요.

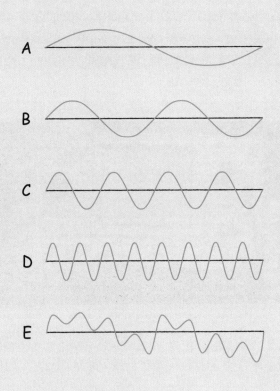

음악가들이 소리를 편집하는 기계들은 A, B, C, D와 같은 사인 그래프의 모양을 변형시켜서 소리의 파동을 바꾸는 원리로 작동합니다. 특정한 소리의 사인 그래프를 제거하거나 더할 수도 있지요. 그래서 원래의 소리와는 다른 소리를 만들 수 있어요. 소리를 편집하는 기계 안에는 사인 그래프를 만드는 계산식이 모두 들어가 있어서 쉽게 소리를 편집하도록 도와줍니다.

이미지 정보　117면　Tom Page (flickr.com)

수학 교과서 개념 읽기

직각삼각형 각에서 삼각함수까지

초판 1쇄 발행 | 2019년 9월 6일
초판 3쇄 발행 | 2019년 10월 31일

지은이 | 김리나
펴낸이 | 강일우
책임편집 | 이현선
조판 | 신성기획
펴낸곳 | (주)창비
등록 | 1986년 8월 5일 제85호
주소 | 10881 경기도 파주시 회동길 184
전화 | 031-955-3333
팩시밀리 | 영업 031-955-3399 편집 031-955-3400
홈페이지 | www.changbi.com
전자우편 | ya@changbi.com